U0174941

热的旅行

〔日〕都筑卓司◎著　〔日〕胜又进◎绘　何　芳◎译

北京科学技术出版社
100层童书馆

■测量温度

*本书图片均为日文原书图片。在吴承恩所著的《西游记》中，猪八戒所持的钉耙为九齿钉耙。——编者注

我们周围有像冰一样冷的东西，也有像开水一样热的东西，它们的温度各不相同。

让我们跟随唐僧师徒的脚步，去感受温度的变化吧！大家都很激动，充满了期待。

今天的气温是高还是低，我们靠皮肤就能感知。但是，要想知道具体的温度我们该怎么办呢？什么？得用温度计？但怎么做一支温度计呢？

注意：
温度升高，气体会膨胀！

把一个空瓶子放入冷水中，在瓶口套一个气球。

再把这个瓶子放入热水中。

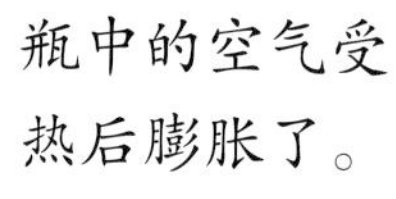

瓶中的空气受热后膨胀了。

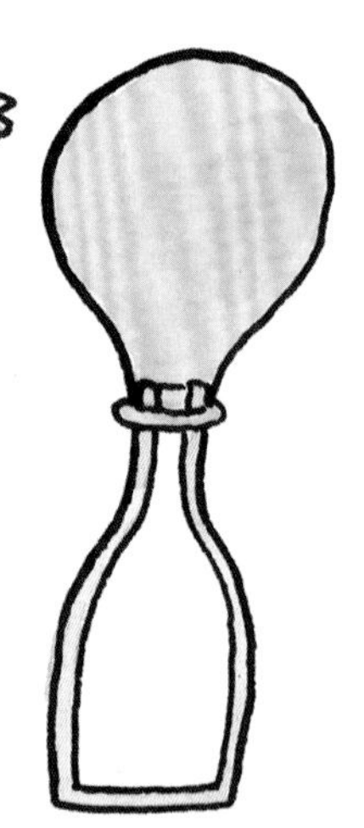

大约在 1600 年，根据气体受热后会膨胀的原理，意大利科学家伽利略发明了下图中的温度计。受温度变化的影响，气体会膨胀或者收缩，从而使得玻璃管中的水位发生变化，这样就可以测量温度了。

伽利略发明的气体温度计

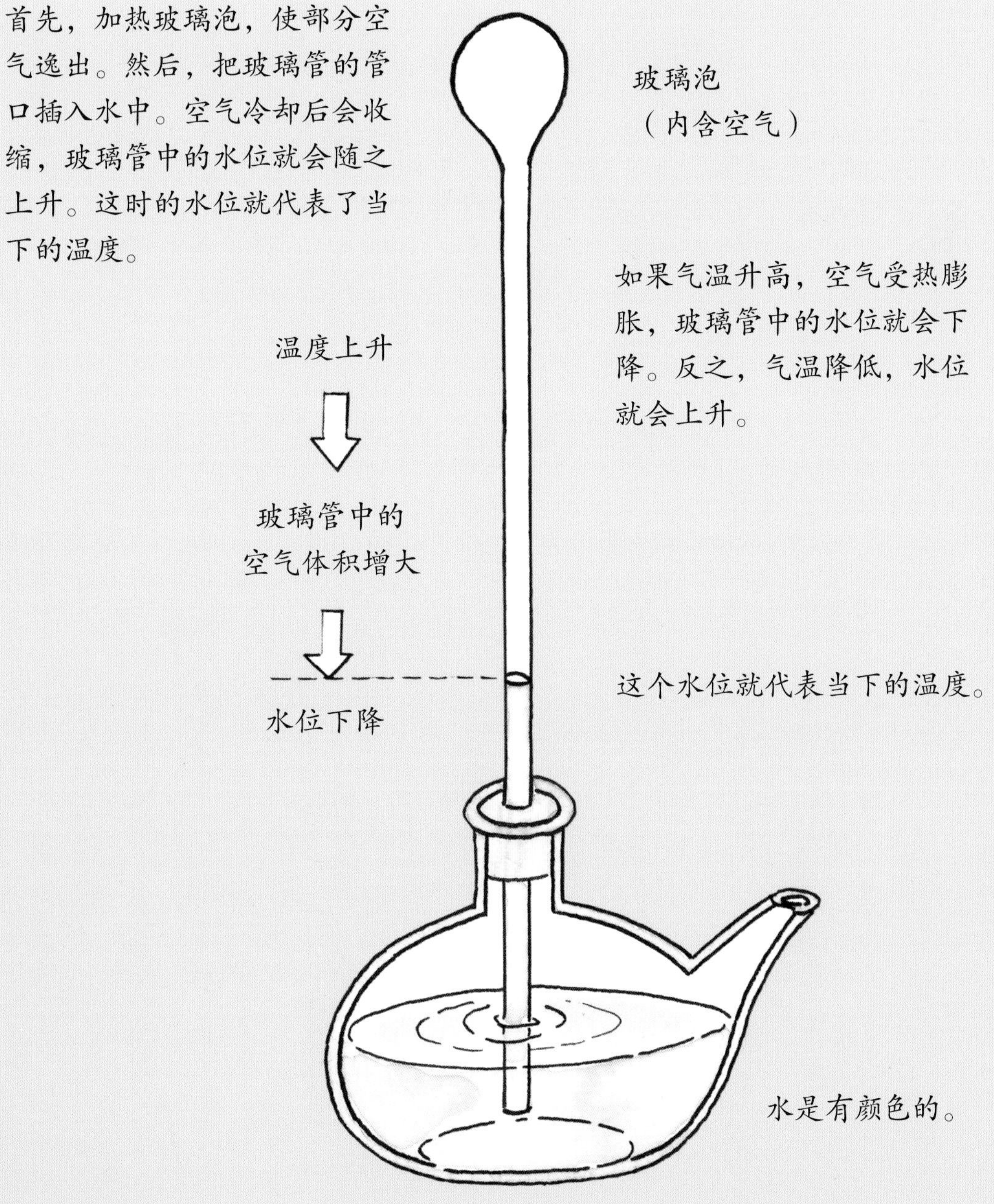

首先，加热玻璃泡，使部分空气逸出。然后，把玻璃管的管口插入水中。空气冷却后会收缩，玻璃管中的水位就会随之上升。这时的水位就代表了当下的温度。

玻璃泡
（内含空气）

如果气温升高，空气受热膨胀，玻璃管中的水位就会下降。反之，气温降低，水位就会上升。

温度上升

玻璃管中的
空气体积增大

水位下降

这个水位就代表当下的温度。

水是有颜色的。

测量温度时，温度计上有刻度的话就方便多了。

17 世纪中期，意大利佛罗伦萨的科学家，用酒精代替了空气，利用酒精的热胀冷缩来计量温度。然而，当时并没有统一的温标，佛罗伦萨还出现了将当地最低气温设定为 0 度、最高气温设定为 100 度的温度计。这样的温度计，使用起来会方便吗？

佛罗伦萨温度计
玻璃容器里装着将葡萄酒蒸馏后得到的酒精。

因为没有统一的温标，所以这样的温度计并不能很好地测量其他地方的气温。

1742 年，瑞典天文学家安德斯・摄尔西乌斯将 1 个标准大气压下水的冰点设定为 100 度，水的沸点设定为 0 度，将两者间均分成 100 份。由此，这样的温度计就可以测出任何地方的气温了。

摄尔西乌斯温度计

和摄尔西乌斯最初的设定不同的是，现在我们把1个标准大气压下，水的冰点设定为0℃，水的沸点设定为100℃。摄氏温度的单位称摄氏度，用℃表示。

17世纪，英国的罗伯特・胡克和荷兰的克里斯蒂安・惠更斯发现水结冰时的温度总是相同，水沸腾时的温度也总是相同。

■热与温度

平时我们会说“发热了”“退热了”“注意高温”“温度低”等。那么，热与温度是一回事吗？

水所含的热也相同（如果两人分别进入这两个容器的话）

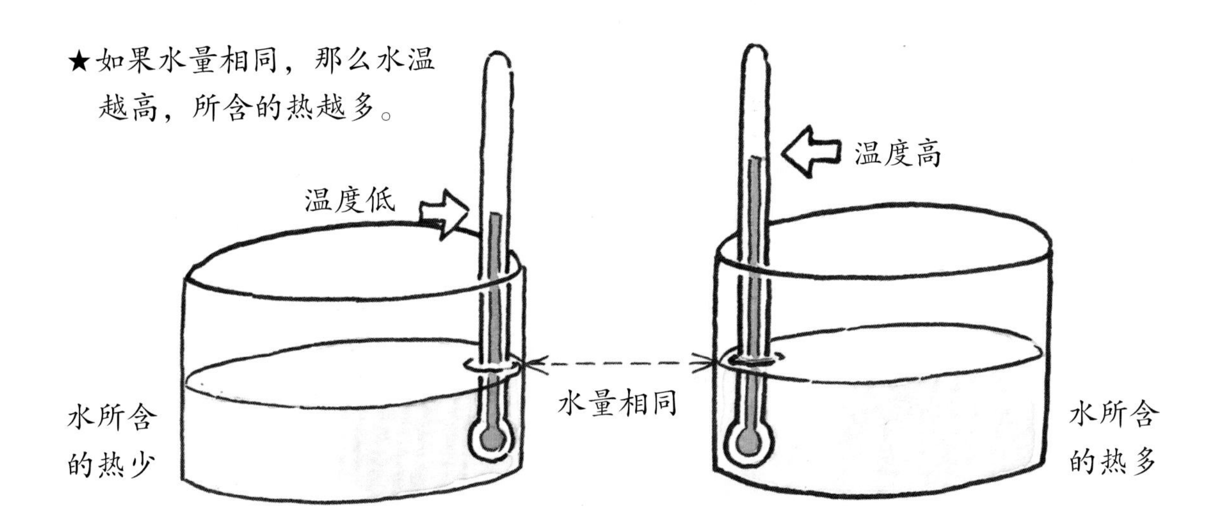

温度指的是物体的冷热程度，可以用温度计测量。而物体所含的热是温度升高或降低的根源，它是用肉眼看不到的。

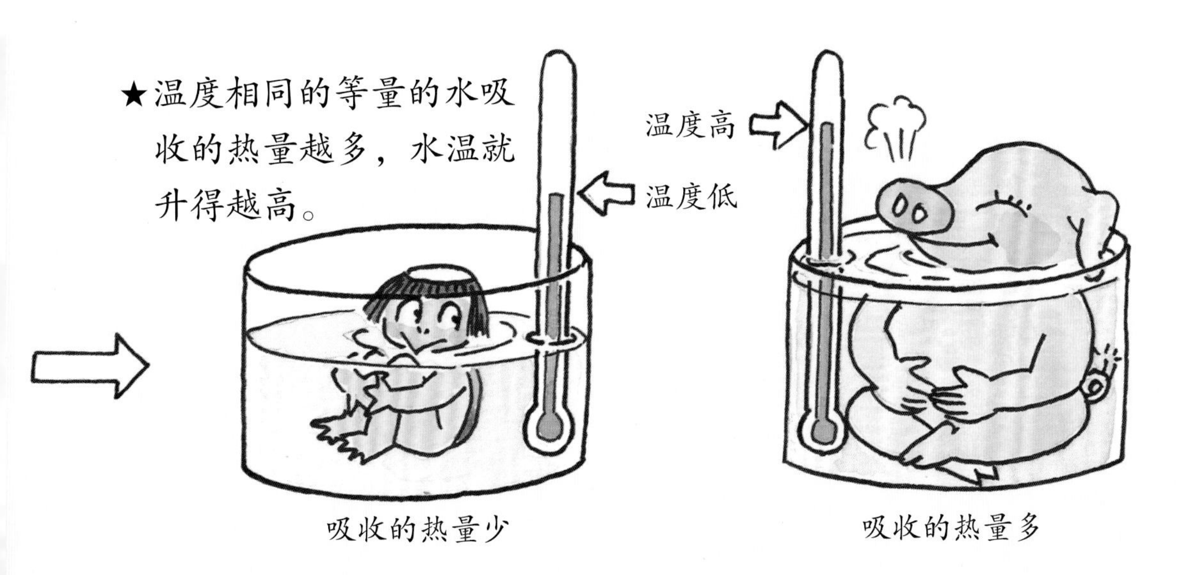

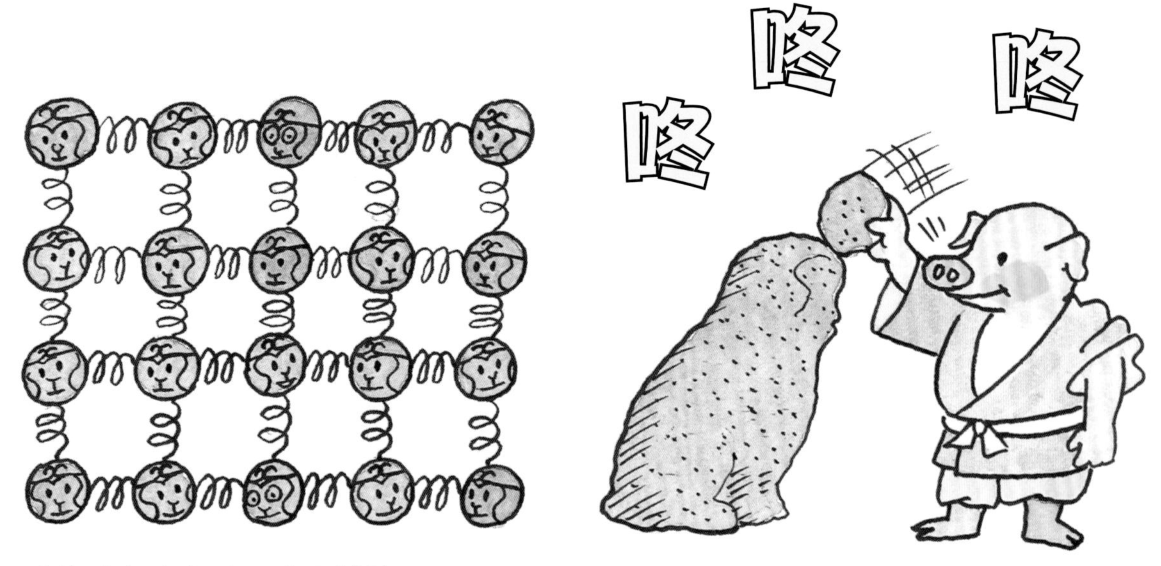

固体的分子或原子是这样排列的。

无论是固体、液体，还是气体，都是由分子、原子等微粒构成的。

分子、原子等一刻不停地运动着，温度高就意味着其运动速度快，温度低就意味着其运动速度慢。

分子和原子的运动速度加快，温度升高。

固体的分子或原子振动会产生热。

也就是说，物体变暖、变热就意味着分子、原子等微粒的运动变得剧烈。分子、原子等微粒的运动速度决定着物体的温度。

空气等气体的分子与容器壁发生碰撞时会对容器壁产生压力。

温度越高，分子运动越剧烈，向容器壁撞击得越猛烈，分子间距就越大，气体体积也随之增大。

■低温的极限是多少呢?

日本有记载的最低气温是 1902 年 1 月在旭川测得的，为 −41℃。在南极或喜马拉雅山等极其寒冷的地方会出现更低的气温，但低温的极限是多少呢?

如果用多台大型制冷机不断制冷的话，温度是不是可以达到 −500℃或 −1000℃呢?

分子以极快的速度运动。

南极沃斯托克站曾测量到−89.2℃的极地温度。此温度于1983年测得，是迄今为止在地球上测量到的最低气温。

当气温为15℃时，空气中氮分子的运动速度平均约为500米/秒。

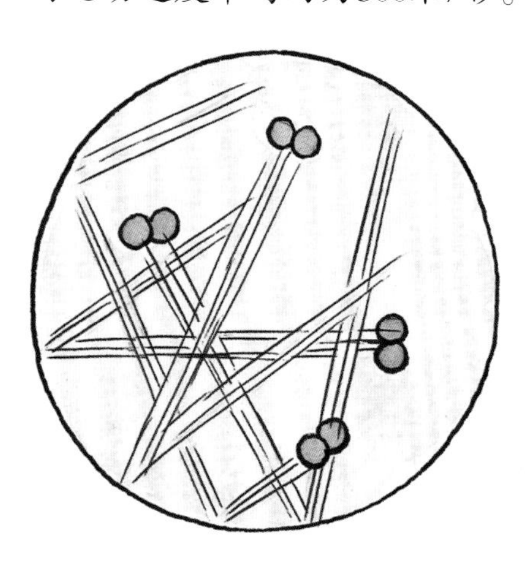

15℃

空气中氮分子的运动速度稍稍减缓，平均约为490米/秒。

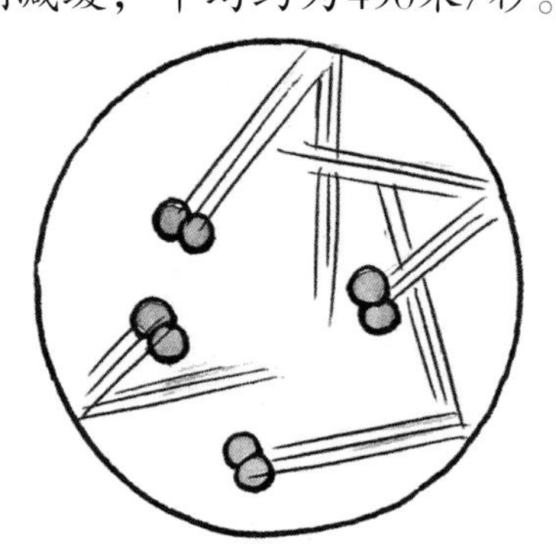

0℃

在目前测得的最低气温下空气中氮分子的运动速度平均约为400米/秒。

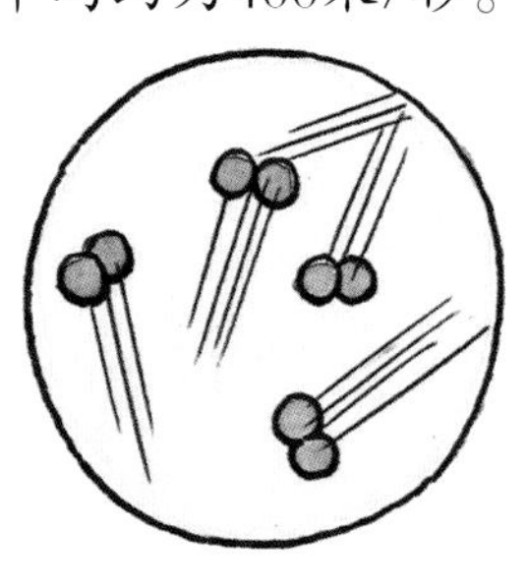

−89.2℃

低温的极限是 −273.15℃，没有比这再低的温度了。这是为什么呢？

从前面我们得知，物体的温度之所以高，是因为物体的分子、原子的运动比较剧烈。反之，当物体的分子、原子的运动减缓时物体的温度就会下降。而当它们停止运动时，物体的温度为 −273.15℃，这个温度被称为绝对零度。

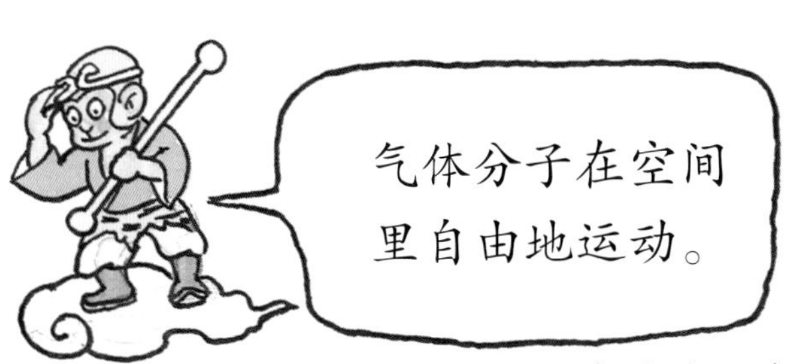

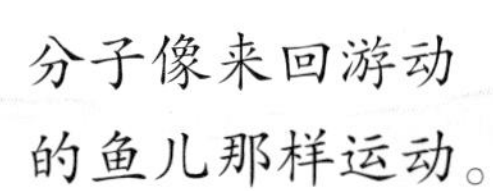

氮分子的运动速度约为260米/秒。

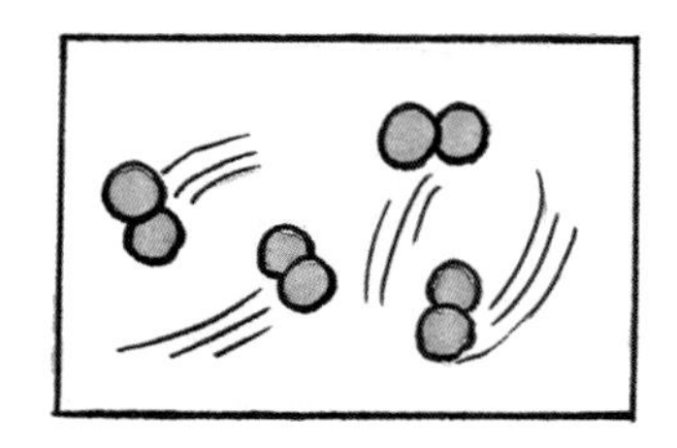

−195.8℃
（氮气变为液体）

−209.86℃
（液态氮变为固体）

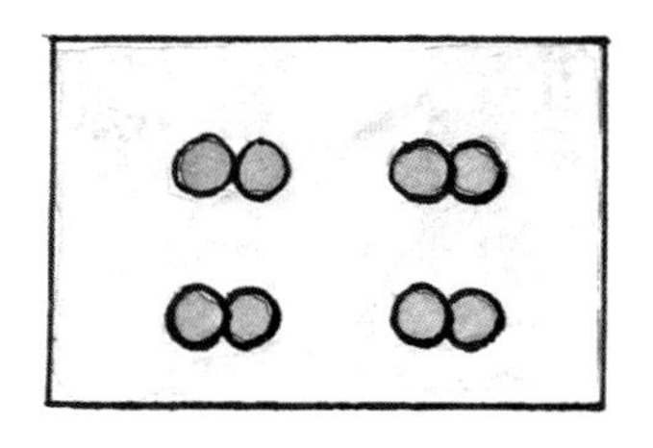

−273.15℃
（绝对零度）

■高温的极限是多少呢?

分子和原子的运动变得剧烈使得温度上升。那么，温度究竟能高到多少度呢?

在1个标准大气压下，水在100℃时会变成水蒸气，此时水分子会以700米/秒的速度运动。太阳的表面温度约为6000℃，那么这个温度下水分子的运动速度又是多少呢?

实际上当温度超过3000℃时，分子就会分解成原子，恐怕那时水分子就不复存在了。而当温度达到数万摄氏度时，原子就会分解成更小的原子核和电子，一边发光一边剧烈地运动。

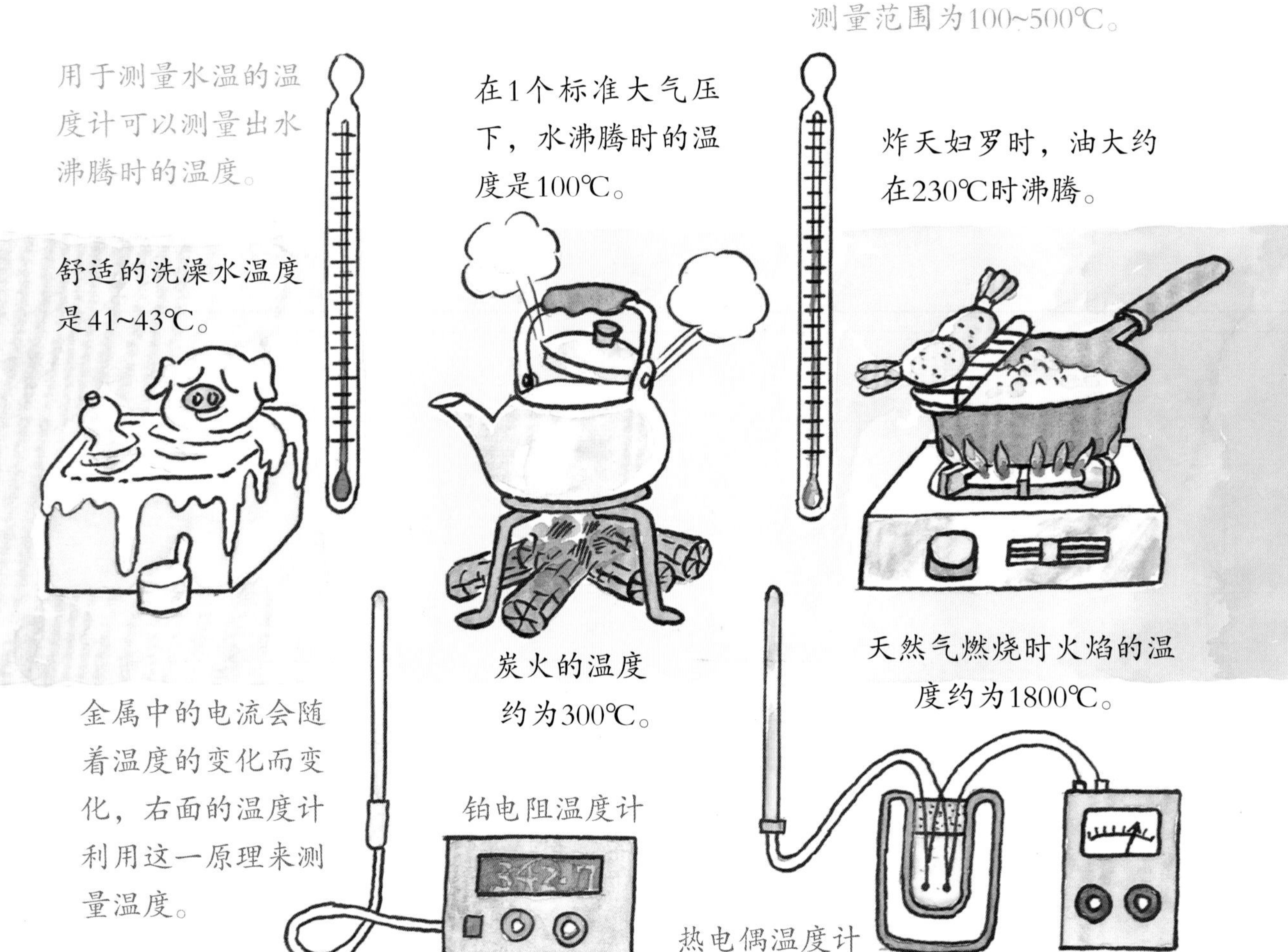

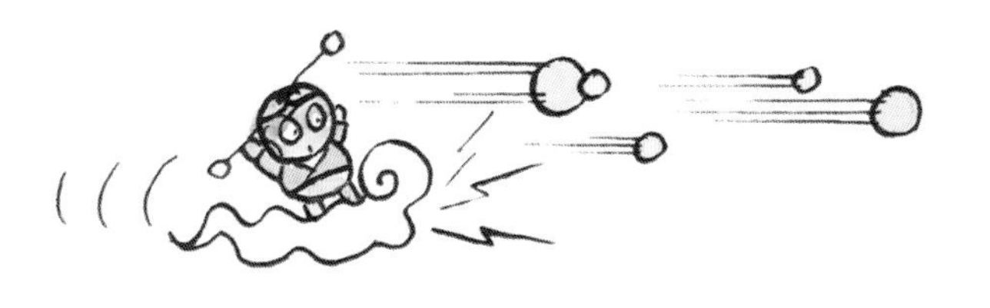

据说，目前观测到的超新星爆发瞬间的温度可达几十亿摄氏度。在这个温度下原子核也会四分五裂。

如果温度继续上升，会发生什么呢？我们不得而知。

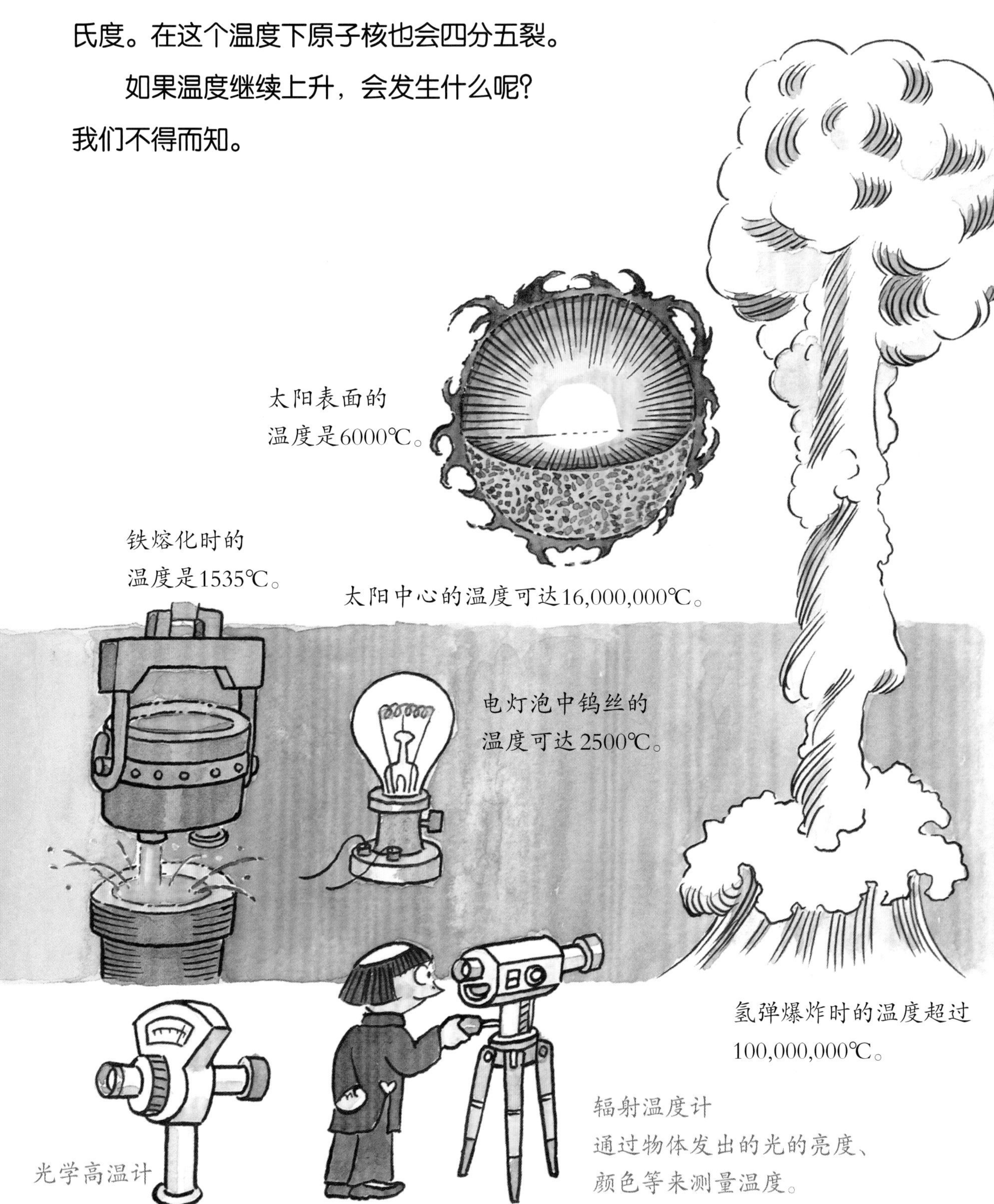

■热量从高温处向低温处传递。

热量通过物质、空间等从高温处向低温处不断传递。

热量的传递方式有三种：
传导、对流和辐射。
好烫啊！
传导
辐射
汗流浃背！

■传导　为什么只加热物体的一部分，它整个都会变热呢？

热量从物体温度较高的部分传到温度较低的部分的现象叫作热传导，它是固体传热的主要方式。

分子、原子的振动也是由高温处向低温处传播的。如果物体相邻的部分没有了温度差，那么热传导就会停止。

为什么冰棍的把是木头做的呢？

手的温度（高温侧）

分子

木头的分子无法像气体的分子那样自由地移动，木头的分子振动只能一点点地向周围传播。

手的温度（高温侧）

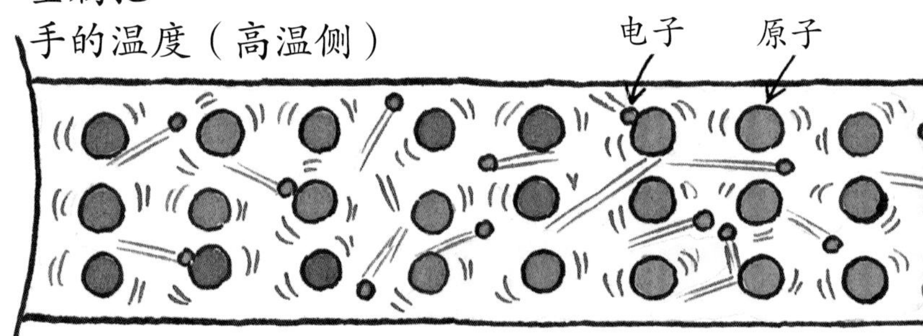

而金属中有可自由移动的自由电子。金属被加热后，其中的自由电子会与原子发生碰撞，很快向低温处游走。

低温侧

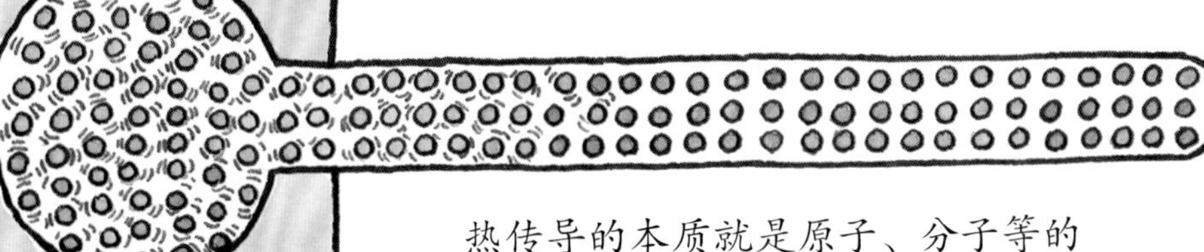

热传导的本质就是原子、分子等的振动从高温处向低温处传播。

冰的温度（低温侧）

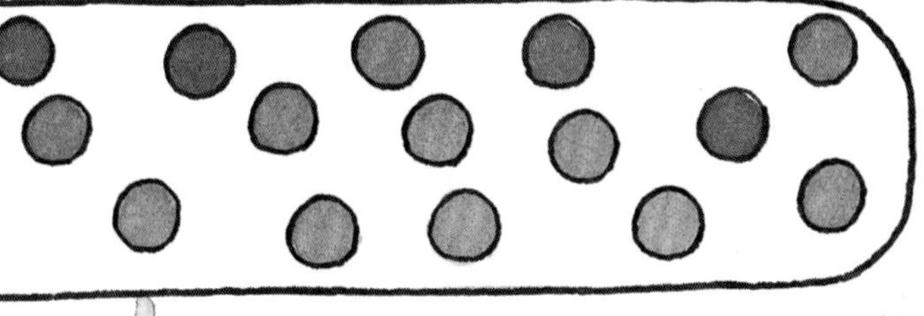

→所以，木头很难导热。

冰的温度（低温侧）

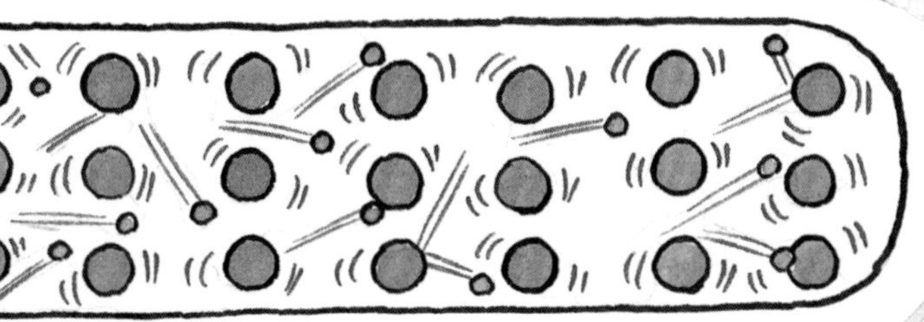

→所以，金属比木头容易导热。

■对流　以循环运动的形式升温

如果加热液体或气体，那么热量就会以对流的形式发生传递。以一个房间为例吧。

点燃房间中间的火炉，那么火炉附近的空气就会被加热，并变轻上升至天花板。而火炉周围的空间则会涌入新的空气，这些空气同样会被加热，像之前被加热的空气一样上升至天花板。

而之前上升至天花板的空气，被天花板吸走热量后冷却下来，又被后升上来的热空气挤到天花板的角落，顺着房间的墙壁下降。

这些空气回到房间地面后，又会被后流动过来的空气挤着再次回到房间中间，继续被火炉加热上升。

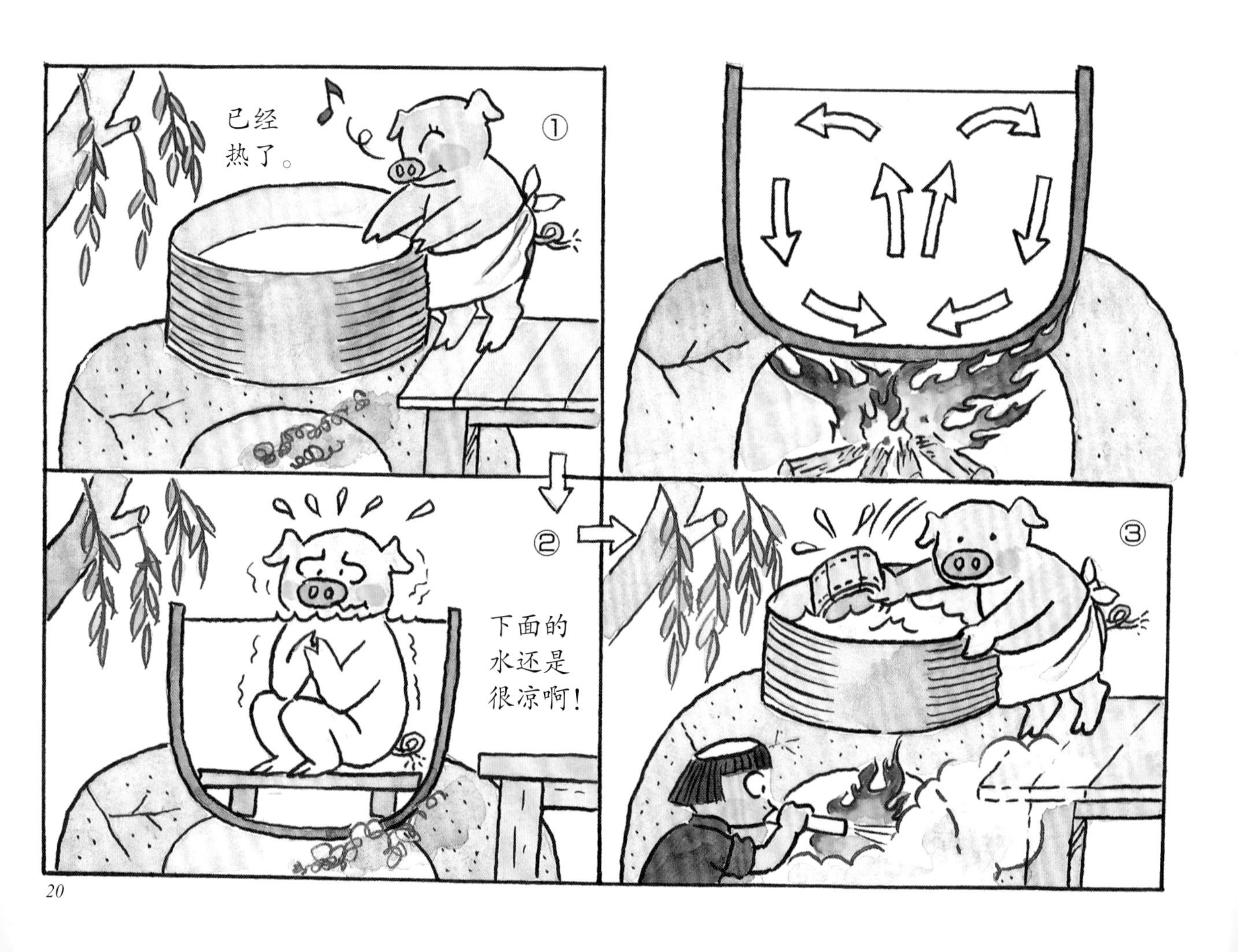

像这样，在不停循环的过程中，整个房间的空气都变热了。空气的这种流动就叫作对流。

那么，为什么水和空气被加热后会变轻呢?

充满空气的气球被加热后，气球中的气体分子就会加速运动。

气体分子来回运动时对气球壁的冲击力就会增强，与气球壁的碰撞也会增多。

这会使气球中的气体压力增加，在压力的作用下气球会变得越来越大。

体积变大后的气球与先前的相比，单位体积所含的气体分子减少了，因此单位体积的空气重量变小了。

加热后的空气会膨胀变轻，所以充满热空气的袋子会飘浮在空中，这就是热气球。

1783年，法国的蒙哥尔费兄弟制作了一个热气球，里面充满了100℃的热空气。他们成功实现了世界上首次热气球载人飞行。

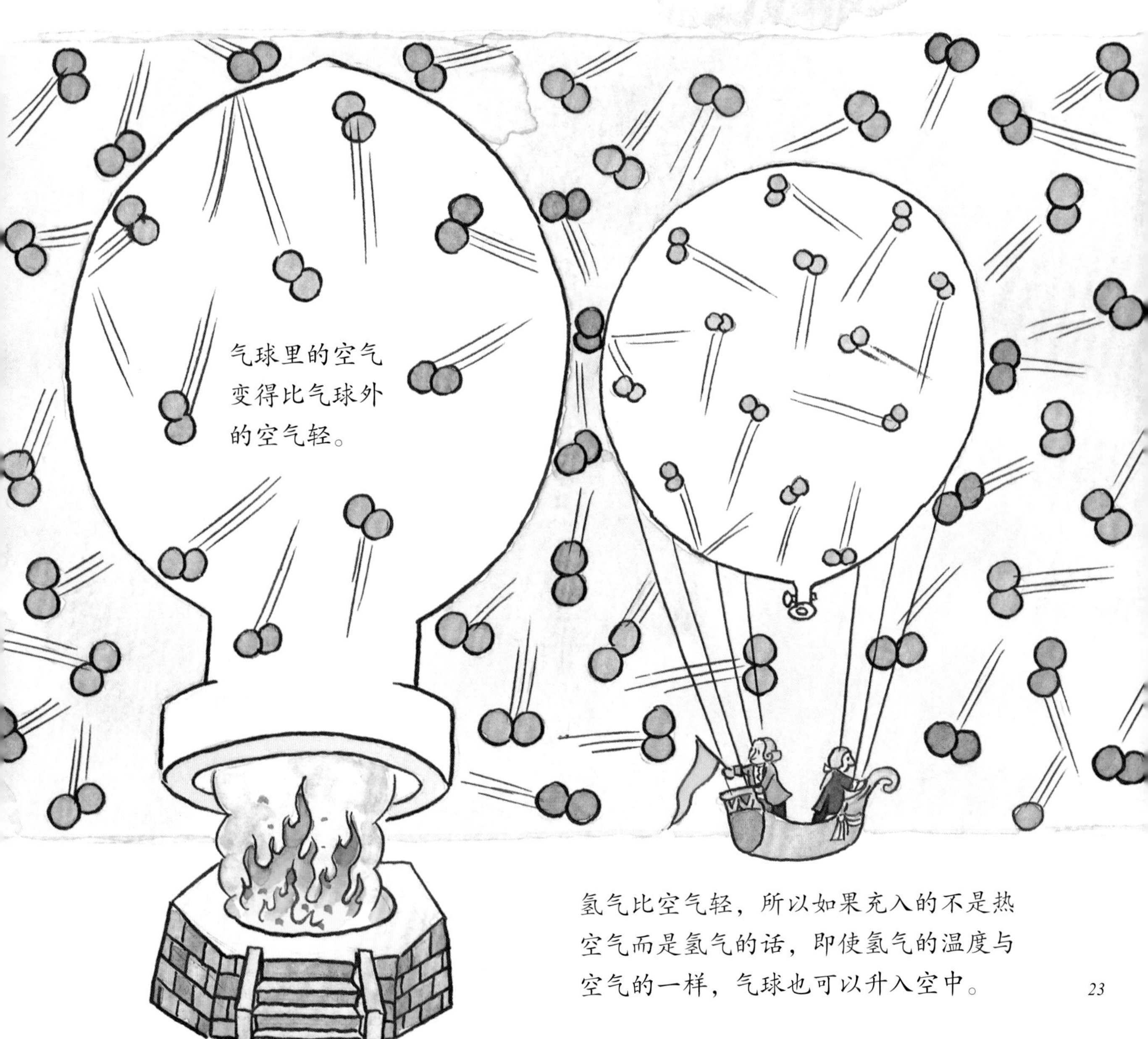

气球里的空气变得比气球外的空气轻。

氢气比空气轻，所以如果充入的不是热空气而是氢气的话，即使氢气的温度与空气的一样，气球也可以升入空中。

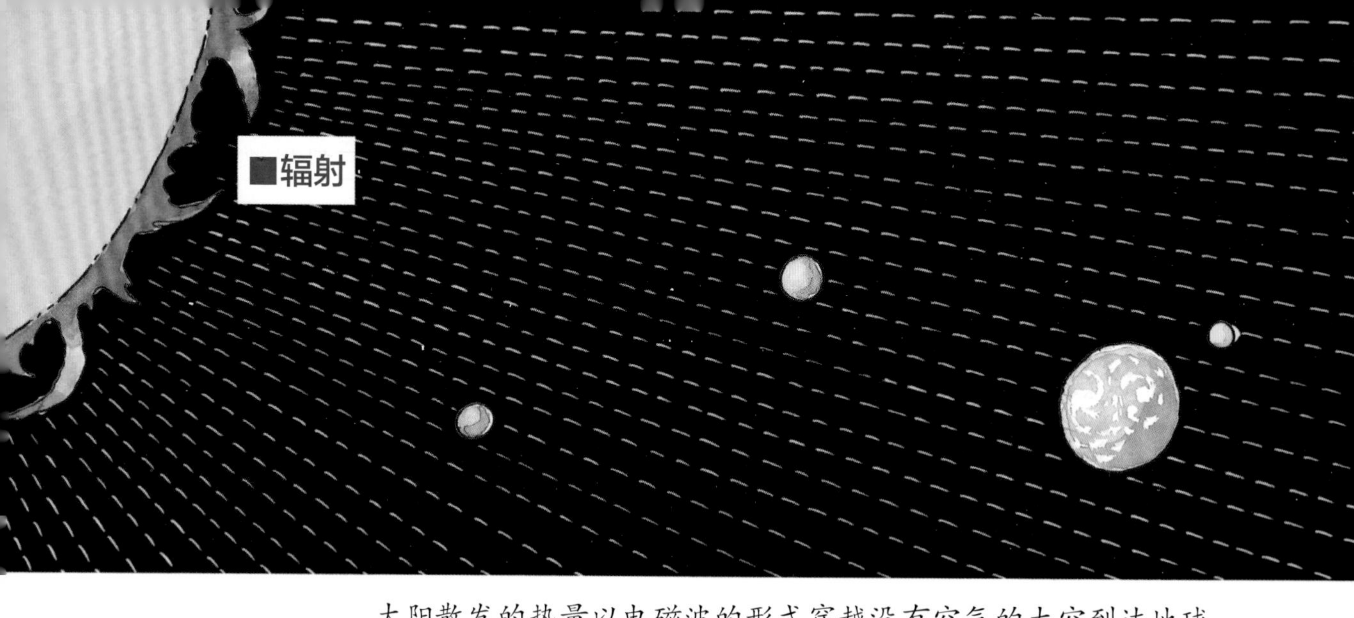

太阳散发的热量以电磁波的形式穿越没有空气的太空到达地球。

那么，在没有任何物质的地方热量也能传递吗？

我们生活的地球从阳光中获取了大量热量。这些热量在到达地球的大气层前，穿越了真空空间。

其实，无论是真空还是充满了物质，高温物体都可以向外释放热量。

像这样，高温物体向四周释放热量的现象就是辐射。

沙滩因吸收了太阳辐射的热量而升温，像被烤过一样烫。

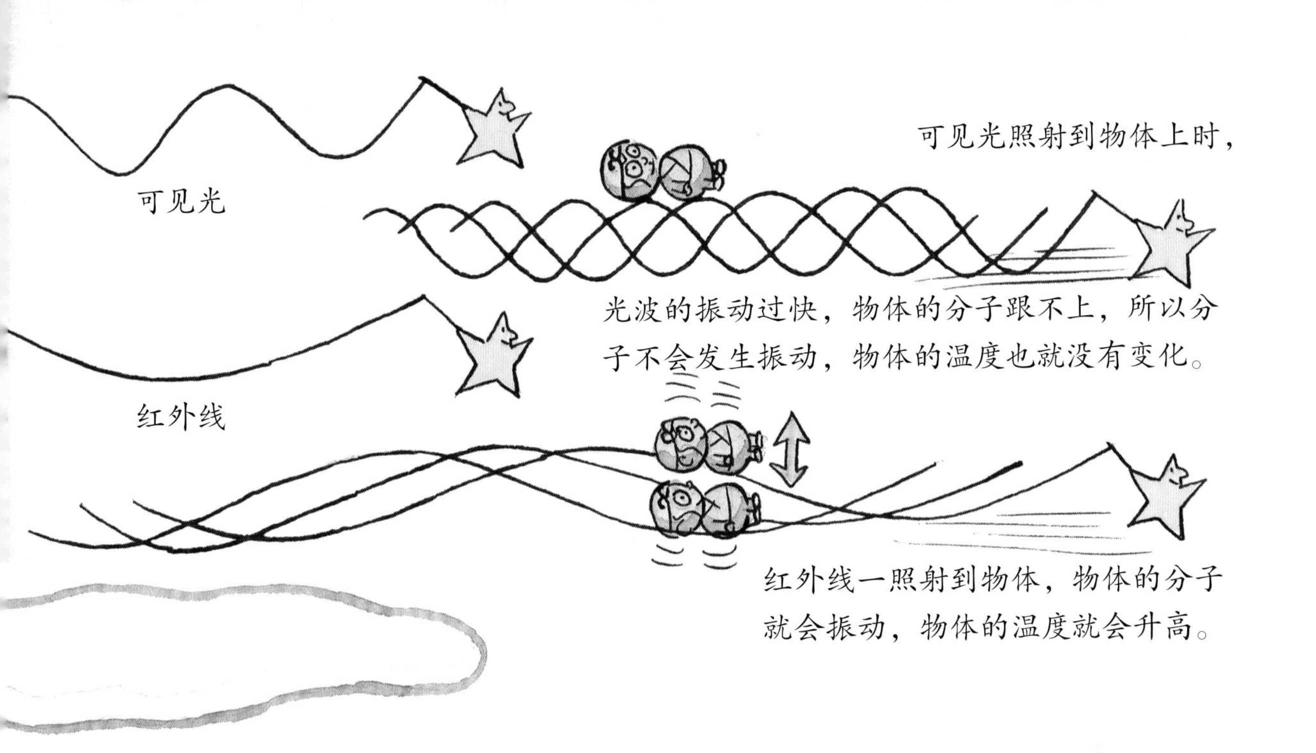

辐射的热量以电磁波的形式传递，这些热量一旦遇到物体就会被吸收，使物体分子发生振动，导致物体升温。具备这种升温作用的电磁波是一种肉眼看不到的电磁波（不可见光）——红外线。

红外线波长比可见光的长，它可以使物体的分子发生振动。因为阳光中也含有红外线，所以在阳光的照射下，物体会变热。

白天，空气和地表吸收太阳的热量。到了夜晚，这些热量大多又以红外线的形式辐射出去了。

有体温的生物也会向外辐射红外线。

铁和石头等固体被加热后首先会辐射红外线。当温度达到 500℃左右时，有些固体会发出红色的可见光；如果温度继续上升，它们发出的光则变成黄、绿、青等颜色。

牧夫座大角星
约4000℃　橙色
小犬座南河三A
约6300℃　淡黄色
处女座αA
约25,300℃
蓝白色
对于天空中闪烁的星星，我们通过其颜色就能大概知晓其温度。太阳表面的温度大约为6000℃，它是黄色的星球。
天蝎座心宿二
约3300℃　红色
“仙女棒”的温度
930℃
小狗的体温
38℃左右
铁匠通过铁的颜色就可以知晓它的温度
刚开始变红 600℃左右
晚霞的颜色 800℃左右
樱粉色 900℃左右

■热量的吸收

从泳池里上来身上还湿淋淋时，我们会觉得冷，这是因为水分蒸发带走了我们身上的热量。

液体变为气体时，会吸收周围的热量。

冰箱和空调就是利用了这个原理，通过把制冷剂从液态转化成气态来降低空间内的温度。

空调

冷空气较重，会向下流动，所以空调一般都安装在房间里靠近天花板的位置。

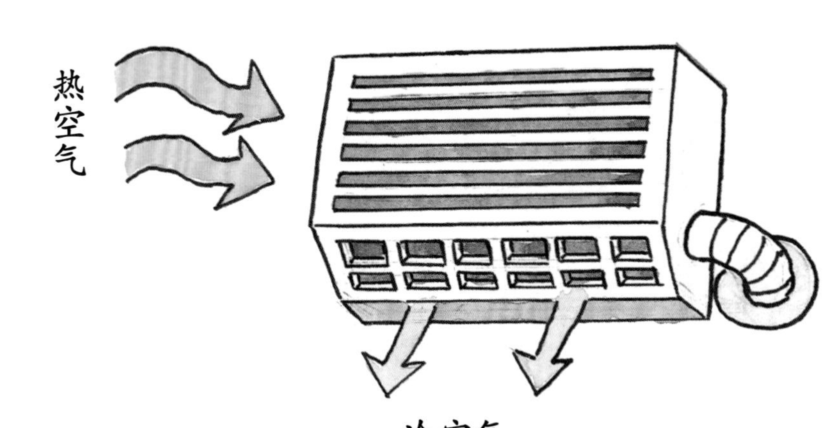

冰箱

气体的循环路线 ① 制冷剂被压缩机压缩后温度升高，变为高温高压的气体。② 压缩机将气态制冷剂送至冷凝器中使其液化。③ 液态制冷剂通过细细的毛细管。④ 到达宽阔的蒸发器后，液态制冷剂瞬间汽化，从周围吸收热量，使冰箱温度降低。⑤ 汽化后的制冷剂通过管道返回压缩机 。这个过程不断循环，从而使冰箱内温度降低。

■热量的产生

很久以前，人们燃烧木柴来加热物体或取暖。之后，人们开始使用可以燃烧的石头（煤炭）和可以燃烧的液体（石油）。有些气体也可以燃烧。

3亿年前到1亿年前的地球上生长着茂盛的蕨类植物，还生活着以爬行动物为主的各种动物。这些动植物由于火山爆发和冰期的到来被埋到了地下，经过漫长的岁月，变成了煤、石油和天然气。这些物质燃烧后都会产生大量的热。

在1个标准大气压下，不管用多高温度的火加热，水的温度都不会高于100℃。温度高于100℃时，水会变成水蒸气。

（1个标准大气压下）水在100℃时沸腾。（沸点100℃）

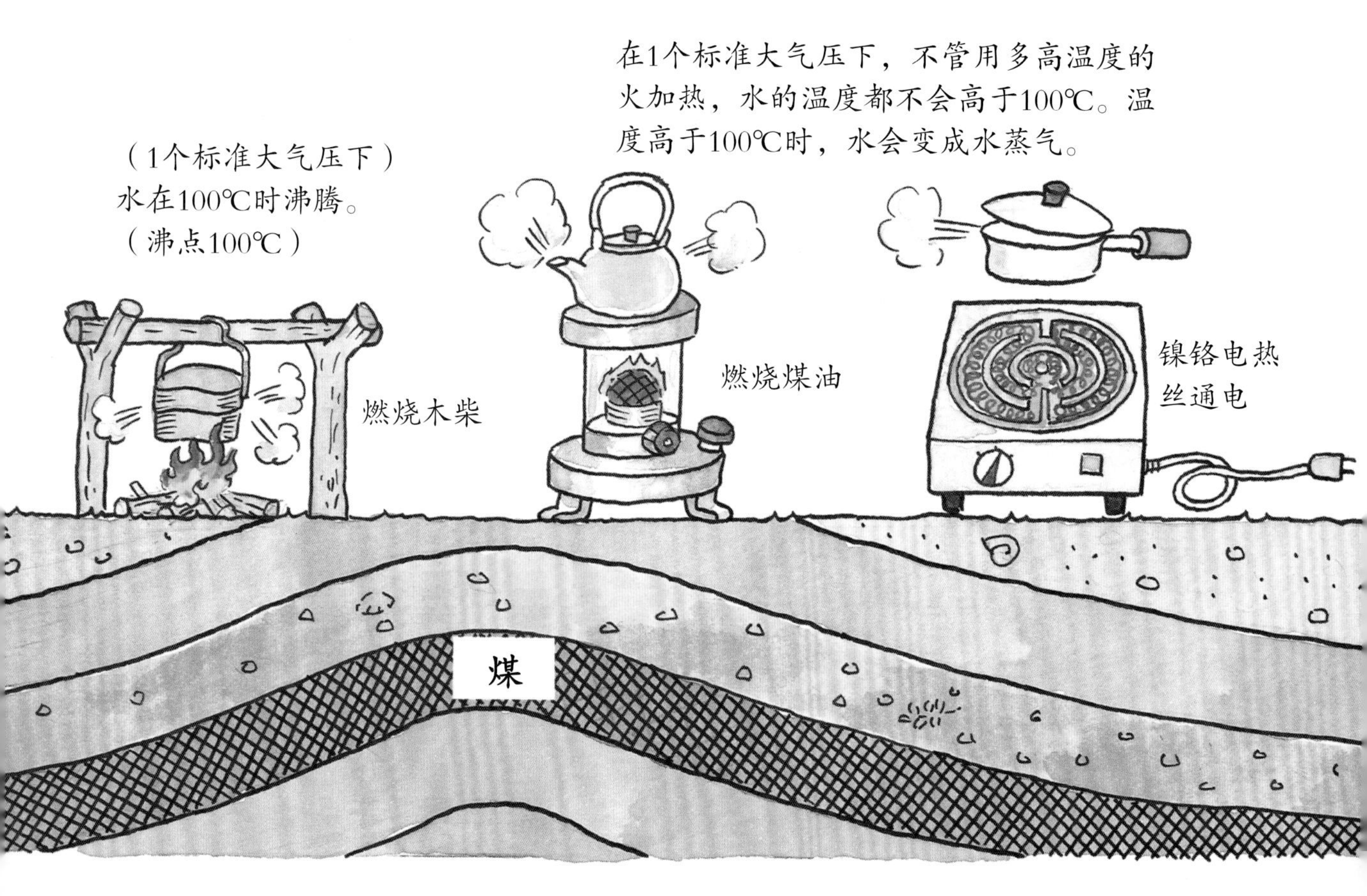

燃烧是指可燃物和氧发生化学反应。这时可燃物的分子运动十分剧烈，能量大大增加，从而产生热。

除了燃烧，通过导体的电流也可以产生热量。例如，镍铬电热丝通电后，其中的电子和原子会不断发生碰撞从而导致电热丝发热。

■加热物体

大家喜欢吃烤红薯吗？那扑鼻而来的香气真诱人啊。

但是，用微波炉烤的红薯和用烧得滚烫的石头烤的红薯，哪种更好吃呢？

用烧得滚烫的石头烤红薯时，加热后的石头会辐射我们看不见的红外线。红薯分子一遇到红外线就会振动，并慢慢变热。红薯中的淀粉在热量和酶的作用下被慢慢分解，转化成糖。所以，用烧得滚烫的石头烤出来的红薯比较甘甜可口。

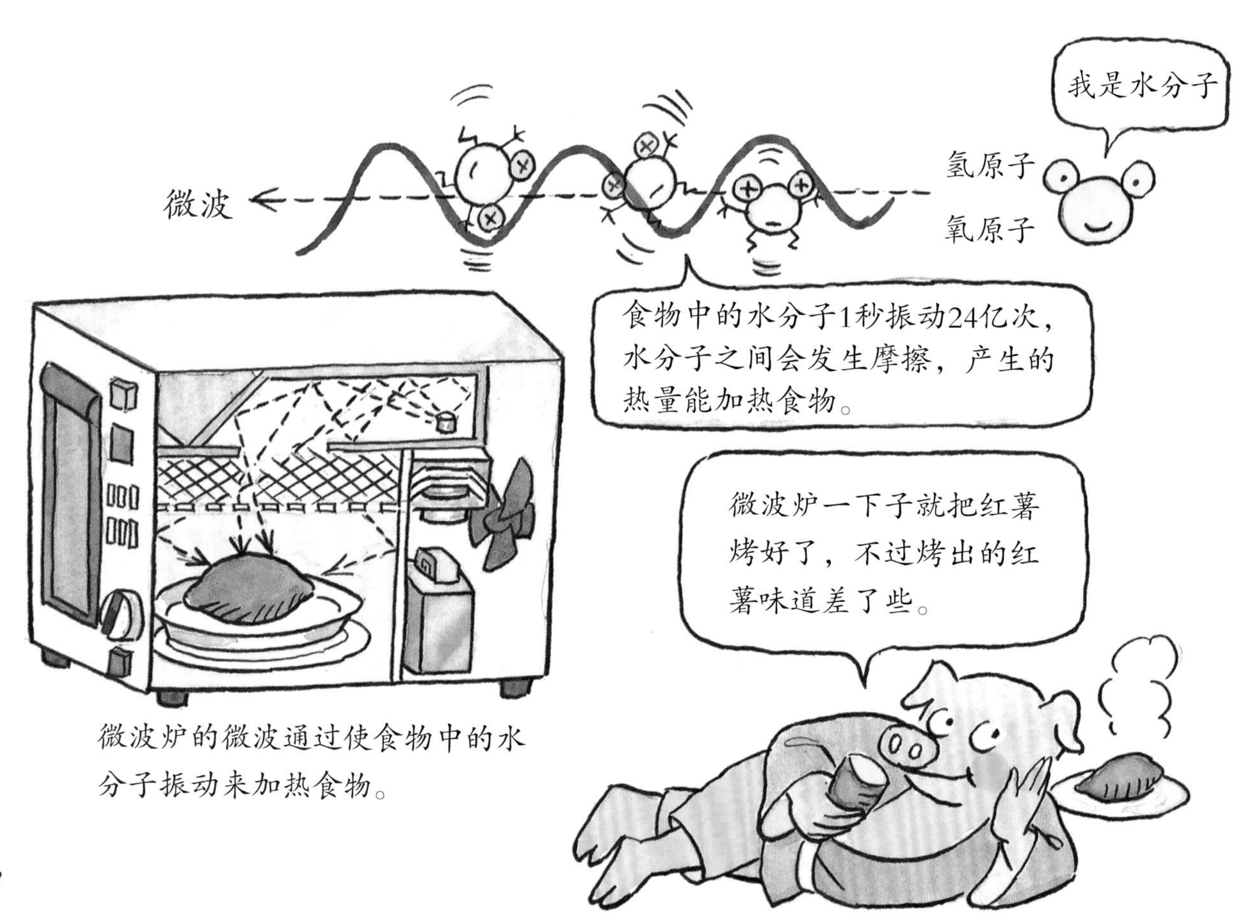

微波炉的微波通过使食物中的水分子振动来加热食物。

用燃气烤的秋刀鱼和用炭火烤的秋刀鱼，哪种更好吃呢？

一样？！咦，真是这样吗？

燃气火焰（1600~2000℃）

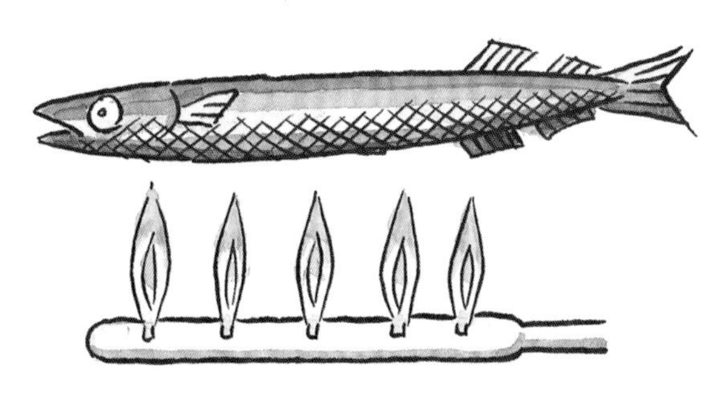

秋刀鱼的表皮受到高温炙烤，表皮分子的振动会变得非常迅速。热量还未传递到秋刀鱼内部，它的外皮已经被烤焦了。

炭火（100~1000℃）

而炭火产生的远红外线可以使秋刀鱼表皮和内部的分子均匀振动，使热量很好地传递到内部，其中的碳水化合物和蛋白质可以得到充分转化，所以烤出来的鱼就很鲜美。

■热能使物体运动

据说距今约 250 年前，英国机械师詹姆斯·瓦特看到水壶里的水烧开后，壶盖被蒸汽顶了起来，由此他意识到热产生的动力可以驱动物体运动。

汽转球
（1 世纪左右）

当时，有一项工作特别费力，就是人们在挖煤的时候需要从矿井深处把积水抽取出来。因为现场有丰富的煤作为燃料，所以人们想到可以用煤加热水，利用蒸汽推动活塞，带动杠杆等工作。这样就可以不依靠人力而是借助外力有效地抽出矿井积水（如右页图所示）。

这种方法后来也被广泛用于驱动工厂的机器运转。

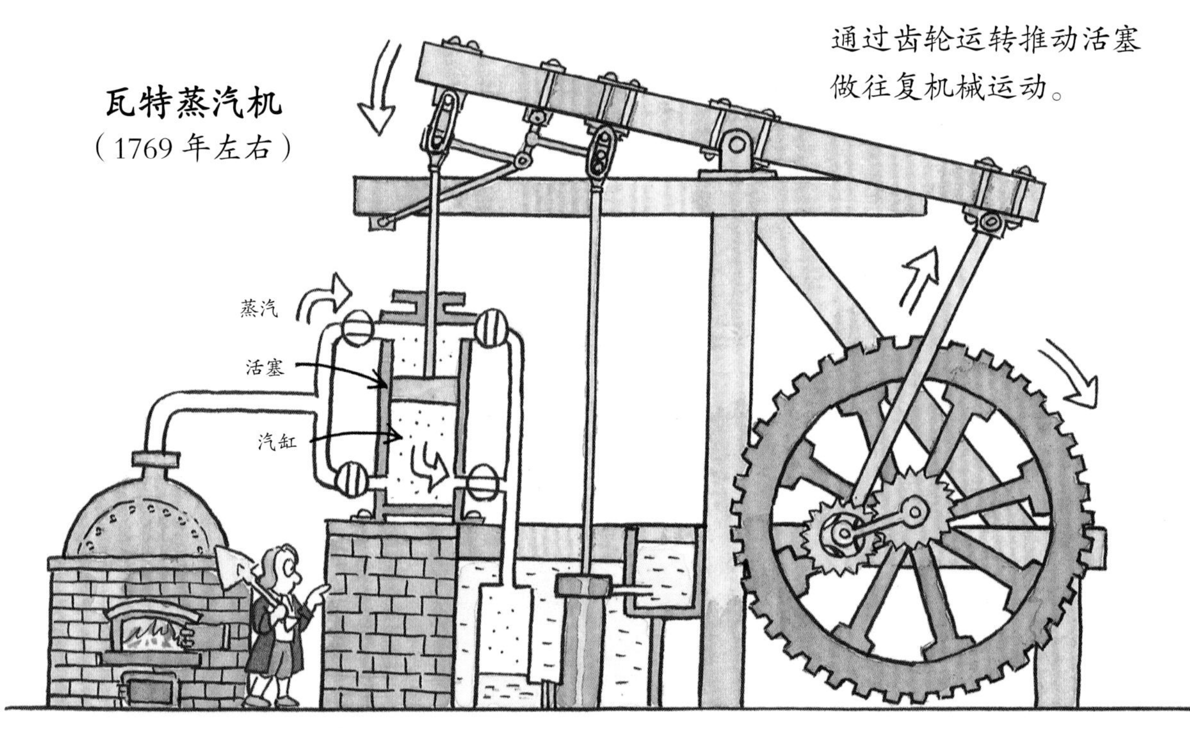

18 世纪初，英国开始使用蒸汽动力，并将其广泛应用于工业机械，英国也成为工业革命的发源地。

热能逐渐被应用到更多的方面。1804 年，英国工程师理查德 · 特里维西克发明了轮轨式蒸汽机车，它利用热能带动车轮转动，使车辆在轨道上行驶。这就是现代蒸汽机车的前身。

后来，乔治 · 斯蒂芬森对此进行了改良，于 1825 年在英国首次推出了用于交通运输的蒸汽机车。

蒸汽机车使用煤炭作为驱动燃料，不久后逐渐扩展到各国。日本于1872年开通了新桥至横滨的铁路。

特里维西克的轮轨式蒸汽机车

螺旋桨

船过去依靠风吹动船帆在大海上航行，后来依靠煤炭燃烧产生的动力推动螺旋桨前进，此后人们又采用了更加方便省事的石油作为驱动燃料。

德国人戈特利布·戴姆勒和卡尔·本茨参照以石油为燃料的热机对汽车上的发动机进行了革新。

这些推动物体前进的动力的源泉其实就是热能。

这种汽车发动机不使用蒸汽，将汽油和空气的混合气体点燃并使其爆炸，由此产生的动力直接推动活塞运动。

＊在日本，汽车的方向盘都在右边。——编者注

■能源

拉满的弓、拧紧的发条、运动的物体以及位于高处的物体，都具有能量。

热能就是能量的代表之一。能够产生能量的物质叫作能源。

生活中，我们的衣食住行，哪一样都离不开能源。但如果仅仅依靠煤炭、石油和天然气等能源，我们终会面临能源枯竭和空气污染的问题，我们的生活也将出现严重问题。

我们每天都从太阳那里获取大量能量。地球气温的相对稳定，动植物的正常生长，都离不开太阳。我们要感谢太阳给予我们能量，并有效地利用这些能量。

唐僧师徒的旅程还在继续。

作者介绍

都筑卓司（1928—2002）

理学博士，生于日本静冈县，毕业于东京文理科大学（筑波大学的前身）物理系。就职于横滨市立大学，并于1994年成为该大学名誉教授。著作有《四维世界》《麦克斯韦的恶魔》《物理入门游戏》《时间的奥秘》《了不起的统计学》等。

胜又进（1943—2007）

生于日本宫城县，毕业于东京教育大学物理系。1966年在日本月刊*GARO*上发表漫画处女作。著有漫画作品《胜又进作品集》、绘本《绘本远野物语》、科普绘本《机械的秘密》，并为科普书《电磁波》绘制插图。

著作权合同登记号　图字：01-2022-6423

图书在版编目（CIP）数据

热的旅行 /（日）都筑卓司著 ;（日）胜又进绘 ; 何芳译．—北京 : 北京科学技术出版社，2023.5
ISBN 978-7-5714-2671-2

Ⅰ．①热…　Ⅱ．①都…　②胜…　③何…　Ⅲ．①热学—少儿读物　Ⅳ．①O551-49

中国版本图书馆 CIP 数据核字 (2022) 第 229623 号

策划编辑：荀　颖
责任编辑：张　芳
封面设计：韩庆熙
图文制作：韩庆熙
责任印制：李　茗
出 版 人：曾庆宇
出版发行：北京科学技术出版社
社　　址：北京西直门南大街 16 号
邮政编码：100035
ISBN 978-7-5714-2671-2

电　　话：0086-10-66135495（总编室）
0086-10-66113227（发行部）
网　　址：www.bkydw.cn
印　　刷：北京博海升彩色印刷有限公司
开　　本：787 mm×1092 mm　1/16
字　　数：38 千字
印　　张：3
版　　次：2023 年 5 月第 1 版
印　　次：2023 年 5 月第 1 次印刷

定　　价：49.00 元